煩惱的酒精燈君與超有事的實驗教室

悩めるアルコールランプくんと理科準備室の実験器具たち

文・圖 上谷夫婦

譯 葛增娜

繪本《燒杯君與放學後的實驗教室》系列 ②

U0068165

酒精燈君和燈蓋君

酒精燈君平時很謹慎，一遇到實驗就會變得很熱心；燈蓋君擁有撲向火苗的勇氣。他們是最佳拍檔。

器材介紹 加熱時使用的器材。酒精燈要用火柴或打火機點火，熄火時必須使用燈蓋。最近在實驗室裡二者漸漸被實驗用瓦斯爐替代。順帶一提，因為酒精燈和燈蓋是配合彼此形狀製作出來的，所以不能用其他物品取代。

燒杯君

實驗教室裡的核心角色。喜歡做實驗，因此練習從不偷懶。

器材介紹 用來裝要攪拌液體的器材。刻度只是參考值，不能測量正確的體積。

百葉箱老大

永遠穩重站立著，不會因小事動搖，是商量事情的好對象。

器材介紹 設置在距離地面1.2～1.5公尺高的箱子，裡面放置著測量氣溫和溼度等數據的器材。它和酒精燈君一樣，被使用的機會越來越少了。

實驗用瓦斯爐君

最近加入實驗教室的新器材。傲慢自大卻能力強大。

器材介紹 操作起來比酒精燈容易的加熱器材，還能調節火力。金屬配件可以拆卸。

燒杯君和它的理科小夥伴

《燒杯君和他的理科小夥伴》是上谷夫婦以實驗器材打造的原創角色，因為可愛又獨特，從喜歡理工的女生開始，廣受各年齡層喜愛。

在校園的某一個角落，酒精燈君、
燈蓋君和百葉箱老大正在聊天。
「我們最近都很少派上用場……」
「應該是從瓦斯爐君來了之後吧？」
酒精燈君和燈蓋君說完話後，嘆了一口氣。

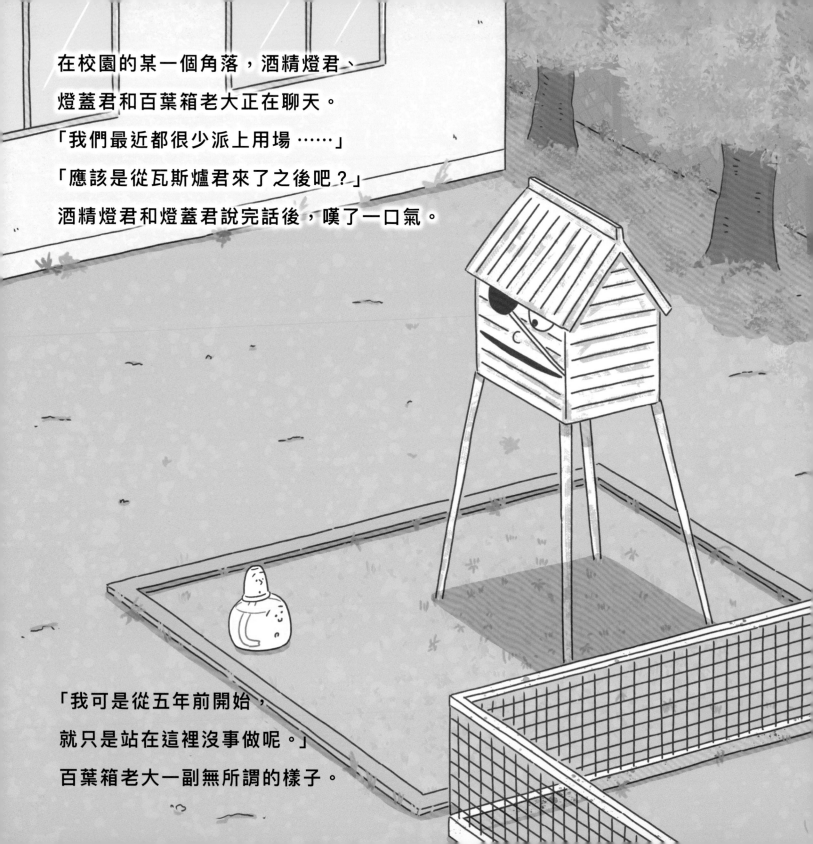

「我可是從五年前開始，
就只是站在這裡沒事做呢。」
百葉箱老大一副無所謂的樣子。

「再這樣下去，我和燈蓋君，有可能會被收進那裡……」

「你說的那裡是……啊！不、不會是那裡吧……」

「喂，你們指的是實驗準備室裡『不可以打開的櫃子』嗎？

那個被稱為『不再使用實驗器材之墓』的地方……」

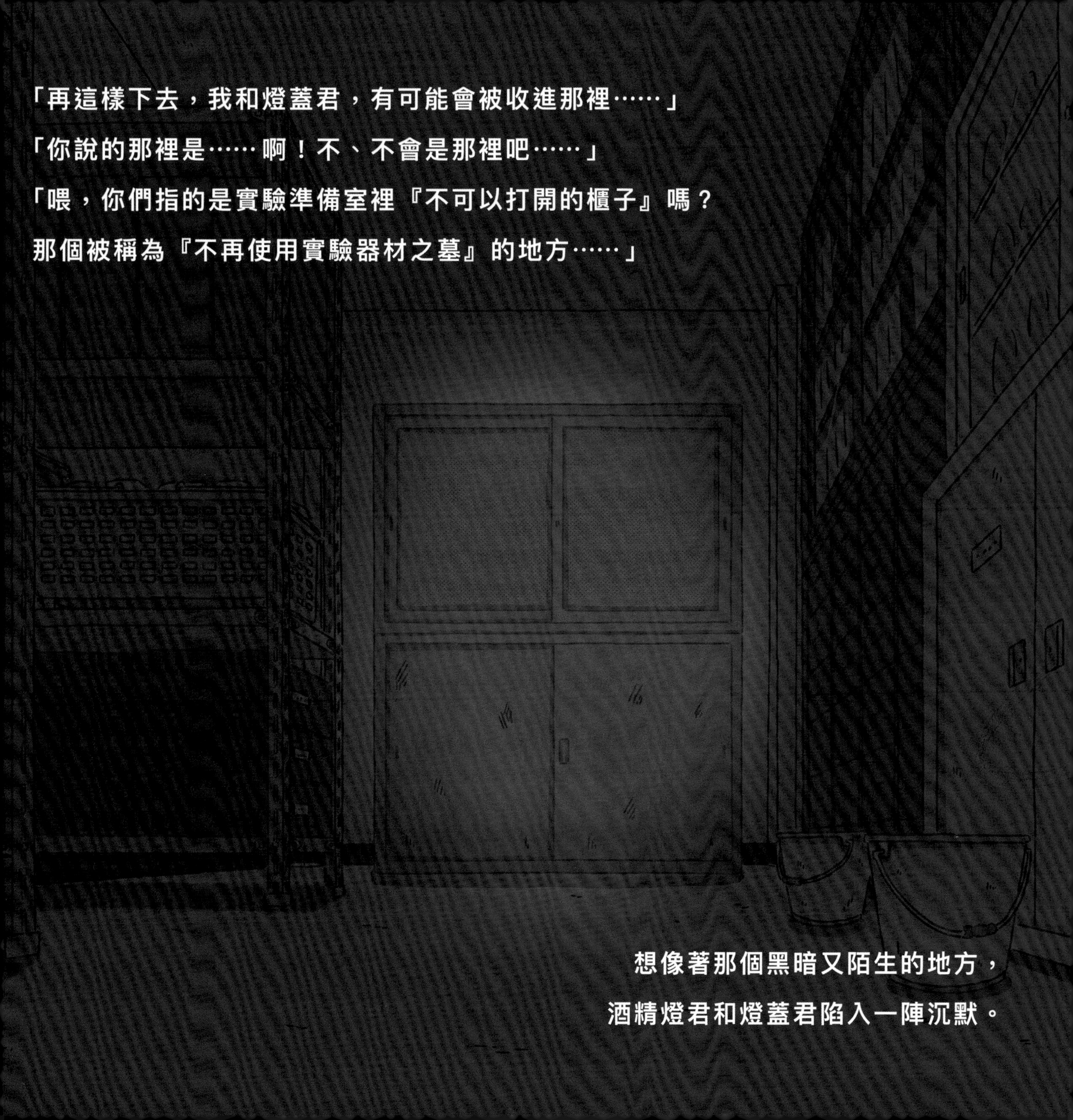

想像著那個黑暗又陌生的地方，

酒精燈君和燈蓋君陷入一陣沉默。

過了一會兒，酒精燈君和燈蓋君有氣無力的走回實驗教室。

「唉，我們會變得怎麼樣呢？」

經過教室門口時，
燈蓋君發出了「咦？」的聲音。

「黑板變成了白板呢！」
「真的耶，什麼時候……」

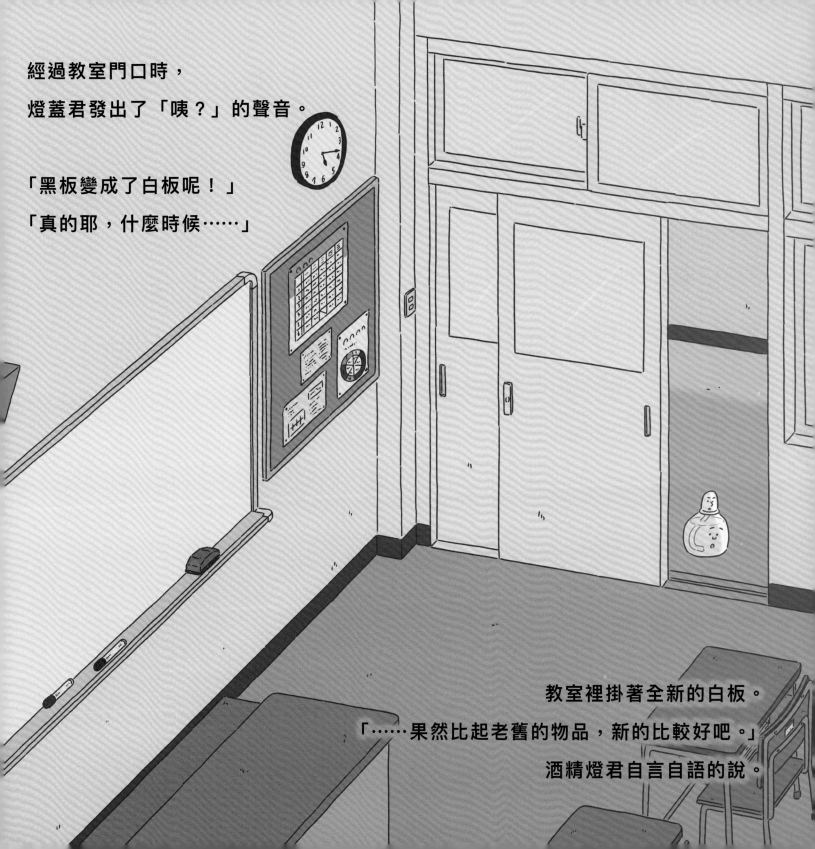

教室裡掛著全新的白板。
「……果然比起老舊的物品，新的比較好吧。」
酒精燈君自言自語的說。

在那之後過了好幾天，
放學後的實驗教室裡，器材們一如往常練習著明天的實驗內容。
「好好喔……」
酒精燈君羨慕的看著大家練習。
這時跟大家一起練習的瓦斯爐君笑著說話了：
「請不要一直看我啦～
很遺憾的，今天也好、明天也好，前輩們都不會派上用場。」

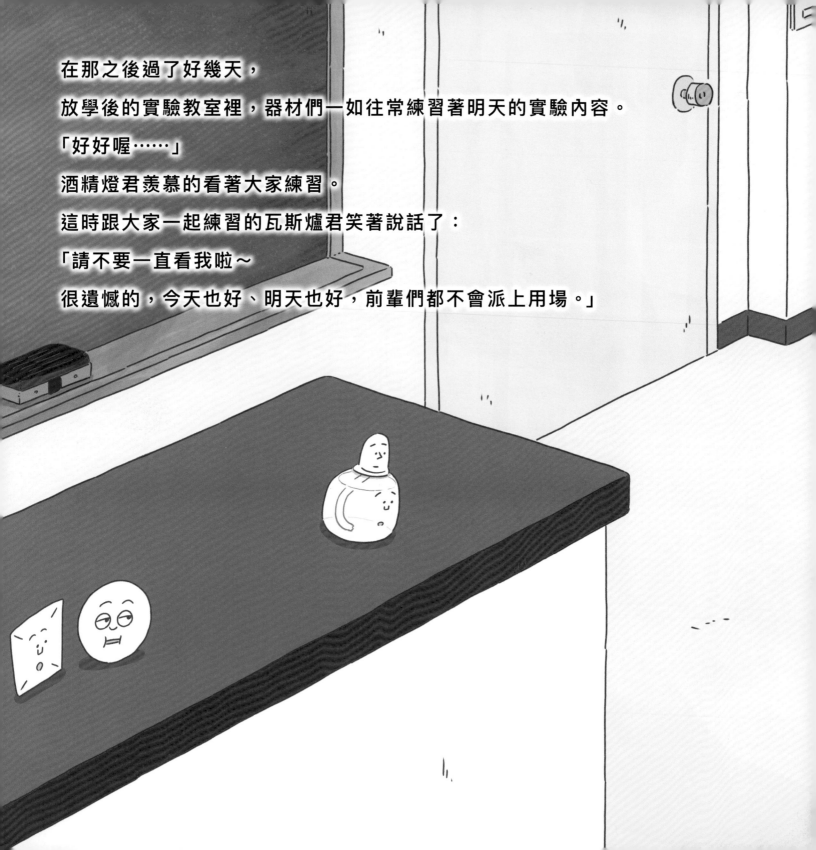

「嗯？你說什麼！？」
「因為我比較新、也比較好用啊。這不是理所當然的嗎？」
瓦斯爐君笑著說。

酒精燈君想都沒想就回話了：

「……先不管誰比較新、哪一邊比較好用，

沒比較過可不能擅自下結論！」

啪滋！啪滋！啪滋！

兩人之間飛濺著看不見的火花。

「那你要跟我一決勝負嗎？雖然我已經知道結果了。」
「正、正、正合我意！」

「酒精燈君……」
燈蓋君露出有點擔心的神情。

酒精燈君和瓦斯爐君立刻展開了對決，其他實驗器材則在一旁關注著。

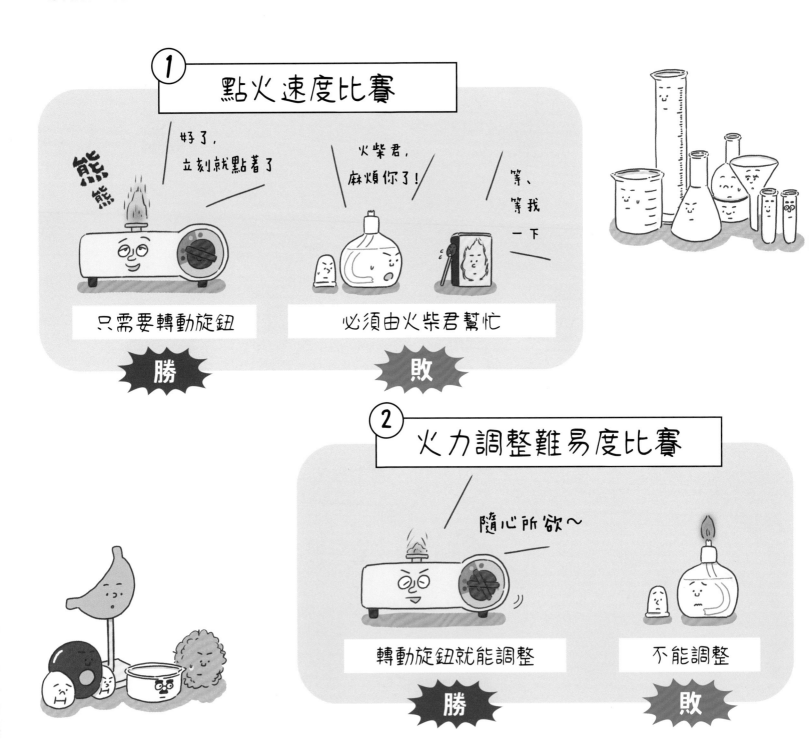

③ 關火速度比賽

平手

只要轉回關的位置

燈蓋君會幫忙滅火

怎麼樣！

「好了，已經分出勝負了。

就算關火是平手，其他都是我贏。

而且，前輩……」

瓦斯爐君一邊說，一邊故意撞了酒精燈君一下。

咚！

「倒下去就會把酒精灑到桌上，

這樣不太好吧？

安全方面也是我贏了！」

酒精燈君氣得爬不起來。

「對了，你趁這個機會退休怎麼樣？

前輩在實驗中已經沒辦法幫上忙了。

聽說實驗準備室裡，有一個專門拿來放前輩這種器材的地方～」

瓦斯爐君哈哈大笑。

「喂！你會不會說得太過分了？」「就是說啊！」

燒杯君和器材小夥伴們說話了。

「才不會呢，我只是說出實話而已。」

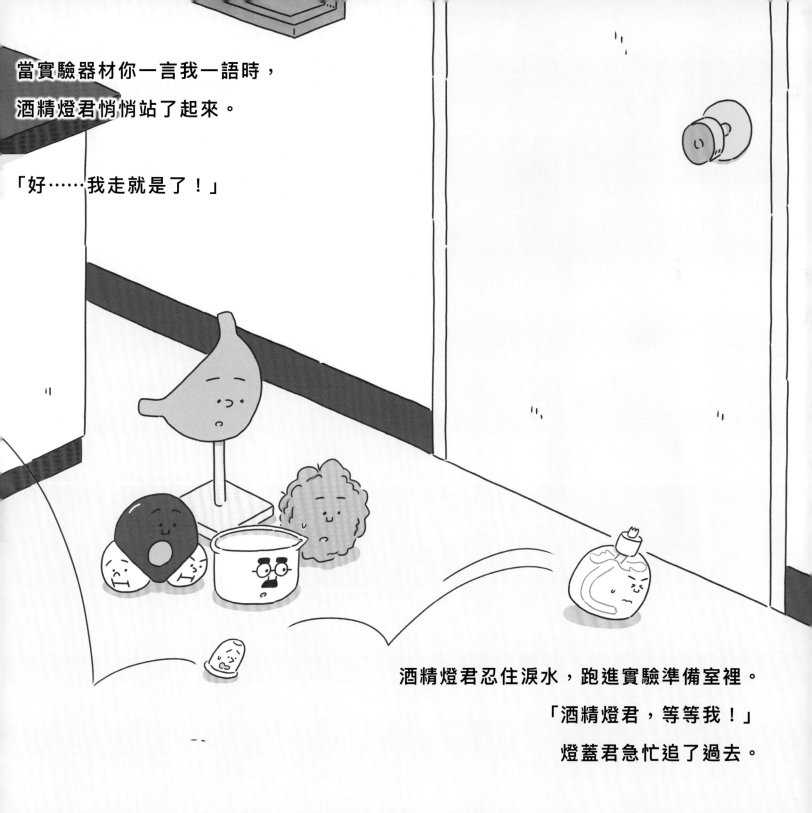

當實驗器材你一言我一語時，
酒精燈君悄悄站了起來。

「好……我走就是了！」

酒精燈君忍住淚水，跑進實驗準備室裡。
「酒精燈君，等等我！」
燈蓋君急忙追了過去。

砰！

實驗準備室的門重重關上了，周圍變得一片黑暗。

「酒精燈君……」

燈蓋君擔心的問著。

「嗚……燈蓋君，怎麼辦……

我已經沒辦法待在實驗教室了……」

酒精燈君忍不住哭了出來。

就在這時候──

突然傳來了一個聲響，

酒精燈君和燈蓋君嚇得跳了起來。

哐噹哐噹、哐噹哐噹哐噹……

「喂～有人在那裡嗎？」

「哇～～～！！！」

受到驚嚇的酒精燈君飛快逃出了實驗準備室。

他跑著跑著，來到了百葉箱老大所在的地方。

「呼、呼，怎麼辦？我拋下了燈蓋君……咦，怎麼回事？」

酒精燈君目瞪口呆的
抬頭看著被鐵欄杆圍起來的
百葉箱老大。

「是你呀？怎麼啦？」

「怎、怎、怎麼會……」

這是怎麼回事？百葉箱
大不會……要被拆
吧？不，沒有那個
能，因為我們還
使用啊，我們還
以發揮功能，
定是哪裡搞錯
吧？不可能被
掉吧？那為什
……我得告訴
蓋君這件事。
和燈蓋君也會
丟掉嗎？怎麼
……怎麼辦……

不安的心情不斷閃過酒精燈君的腦袋。

然後……

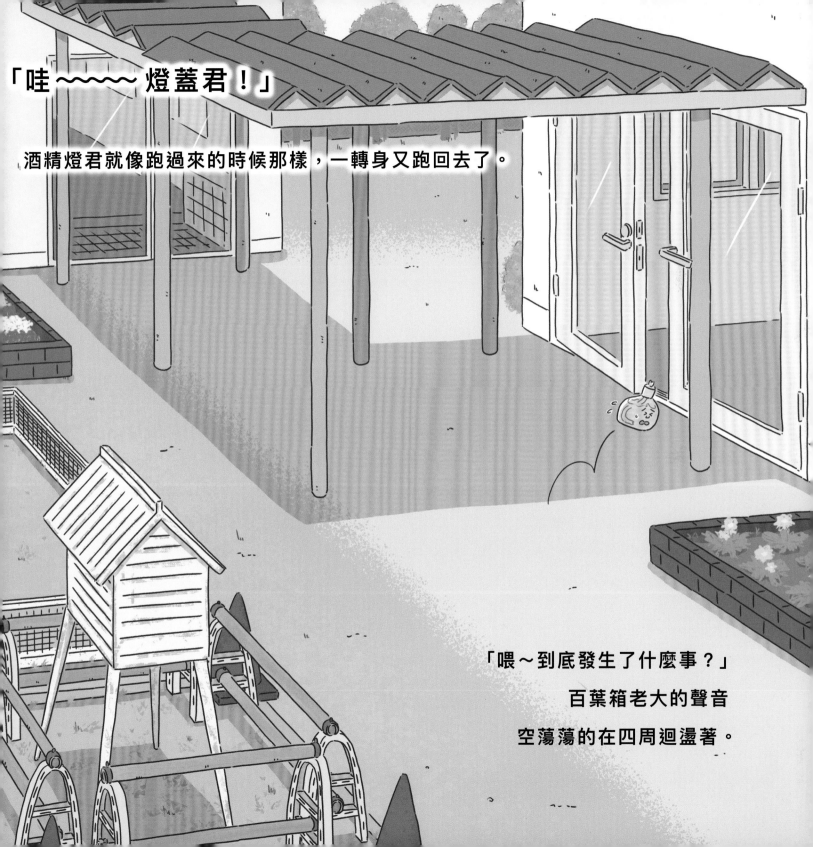

「哇～～～～燈蓋君！」

酒精燈君就像跑過來的時候那樣，一轉身又跑回去了。

「喂～到底發生了什麼事？」
百葉箱老大的聲音
空蕩蕩的在四周迴盪著。

酒精燈君氣喘吁吁的再度回到實驗準備室。

他輕輕打開門，偷偷看向裡面，

看到了燈蓋君的背影。

「燈蓋君……太好了！我跟你說……」

酒精燈君話說到一半，突然僵住了。

燈蓋君的背後站著一大排從沒看過的實驗器材。

「啊！酒精燈君！
他們是住在『不可以打開的櫃子』的器材，
我正在聽他們說一些事情呢。」
燈蓋君活力十足的介紹著。

「剛剛好像嚇到你了，真抱歉。」

「好久沒看到年輕的器材，害我太激動了。」

「真沒想到，這裡竟然被稱為『不可以打開的櫃子』？

櫃子明明就沒上鎖……」

面對困惑的酒精燈君，

老舊器材開始一句接著一句聊個不停。

「酒精燈君，我來幫你介紹，

這位是彈簧秤爺爺，旁邊是真空鈴先生，

圓圓的是滑輪先生……對了，你認識真空罩先生嗎？」

「什麼？這個嘛……」

「也對，確實有可能不知道我們是誰。

待在這裡的，都是任務結束的實驗器材，

接下來只能等著隨時被丟掉。」

彈簧秤爺爺說話了。

「什麼……被丟掉！？」

酒精燈君不自覺大喊出來。

「是啊，這也是沒辦法的事。不只是實驗器材，各種工具也都會不斷推陳出新。這間學校也有很多新來的物品吧？」

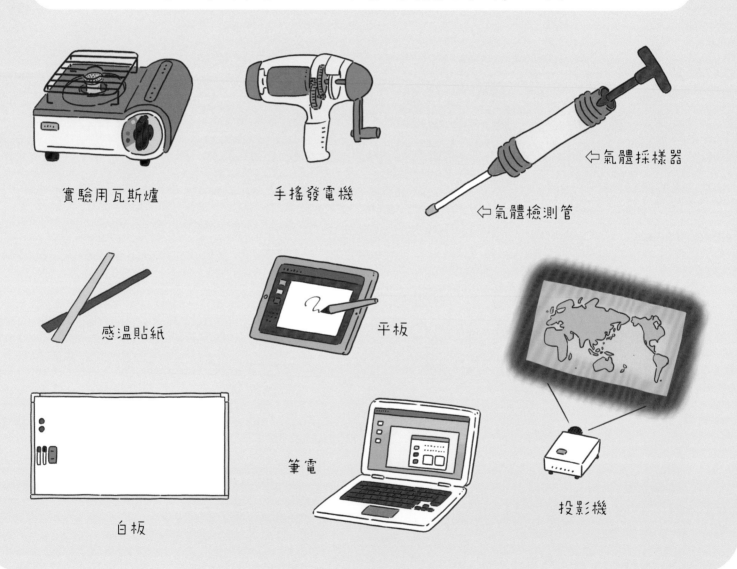

學校所使用的新實驗器材或工具

實驗用瓦斯爐

手搖發電機

⇐氣體採樣器

⇐氣體檢測管

感溫貼紙

平板

白板

筆電

投影機

「而且，同時也有很多不再使用的物品，逐漸消失在大家面前。
沒錯，就像我們一樣。」

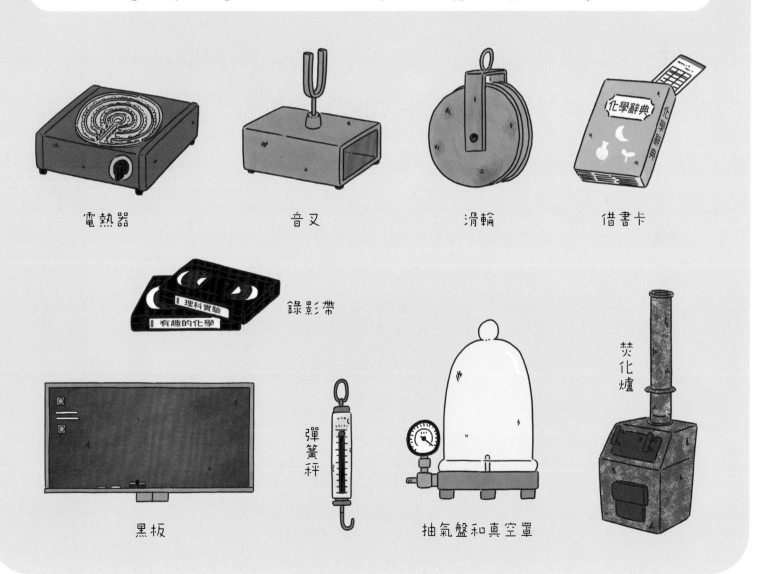

在學校不見了 / 不再使用的實驗器材或工具

電熱器　　　　　音叉　　　　　滑輪　　　　　借書卡

錄影帶

黑板　　　　　彈簧秤　　　抽氣盤和真空罩　　焚化爐

「不再使用之後，就會被丟掉嗎？」

彈簧秤爺爺聽到這番話，露出有點悲傷的笑容說：

「雖然有點難過，但確實是這樣沒錯。

不過我們這種器材要丟掉也很麻煩，

所以依然留在這裡，

而且……」

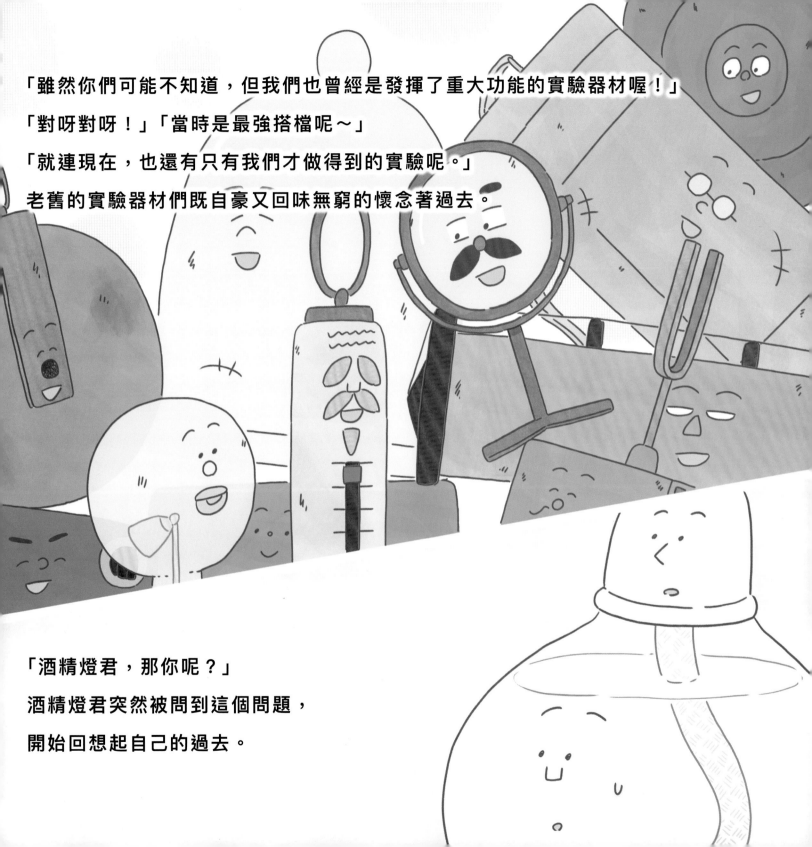

「雖然你們可能不知道，但我們也曾經是發揮了重大功能的實驗器材喔！」

「對呀對呀！」「當時是最強搭檔呢～」

「就連現在，也還有只有我們才做得到的實驗呢。」

老舊的實驗器材們既自豪又回味無窮的懷念著過去。

「酒精燈君，那你呢？」

酒精燈君突然被問到這個問題，

開始回想起自己的過去。

「自從瓦斯爐君出現之後，
我滿腦子都認為自己不會再被使用……」

「但是我確實在很多實驗中發揮了功能，

也幫助了很多孩子……」

就在酒精燈君心中正這樣想的時候。

砰砰砰！

突然聽到有人用力拍打準備室的門。

「酒精燈君！燈蓋君！你們在裡面嗎！？」

急忙打開門之後，看到燒杯君和器材小夥伴們一臉蒼白的站在門外。

「燒杯君？怎、怎麼了？」

「糟糕了！瓦斯爐君玩過頭，

火苗燒到附近的紙上……但我們不知道怎麼滅火！」

「因、因為，我是最新型的……沒料到會發生這種事情！」

瓦斯爐君哭著說。

眼前實驗教室的桌子上，有幾團小小的火苗正燃燒著。

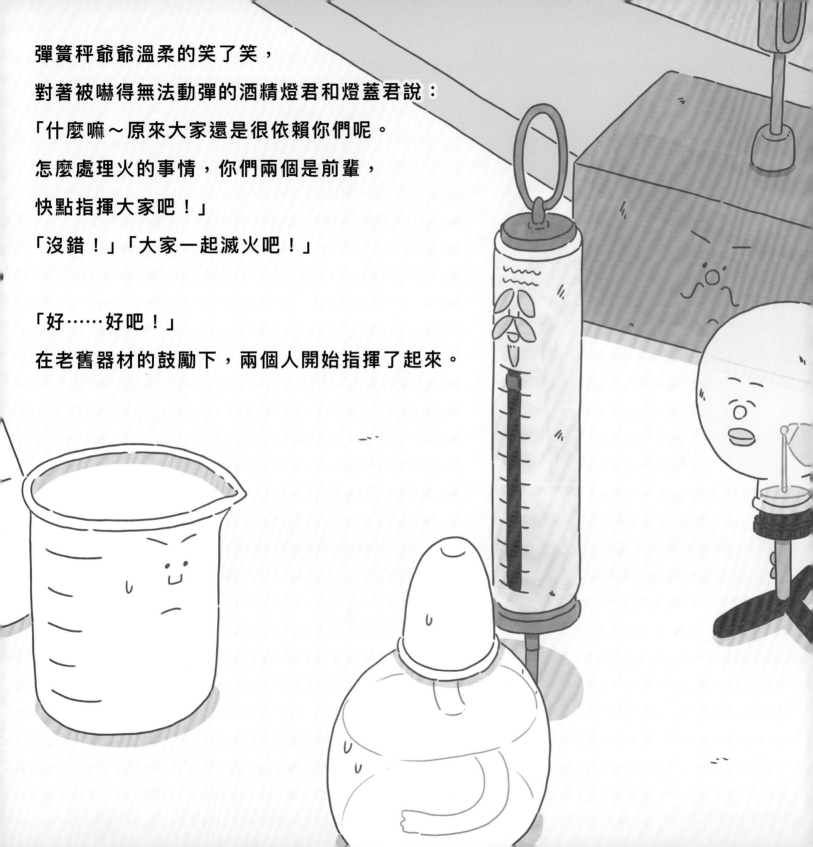

彈簧秤爺爺溫柔的笑了笑，

對著被嚇得無法動彈的酒精燈君和燈蓋君說：

「什麼嘛～原來大家還是很依賴你們呢。

怎麼處理火的事情，你們兩個是前輩，

快點指揮大家吧！」

「沒錯！」「大家一起滅火吧！」

「好……好吧！」

在老舊器材的鼓勵下，兩個人開始指揮了起來。

「首先，燒杯君去準備水！滑輪先生準備沙子！

接著，錐形瓶君把溼抹布拿過來！」

「真空罩先生和我一起覆蓋火苗好了！

為了以防萬一，漏斗小姐可以請滅火器君過來嗎？

接下來……」

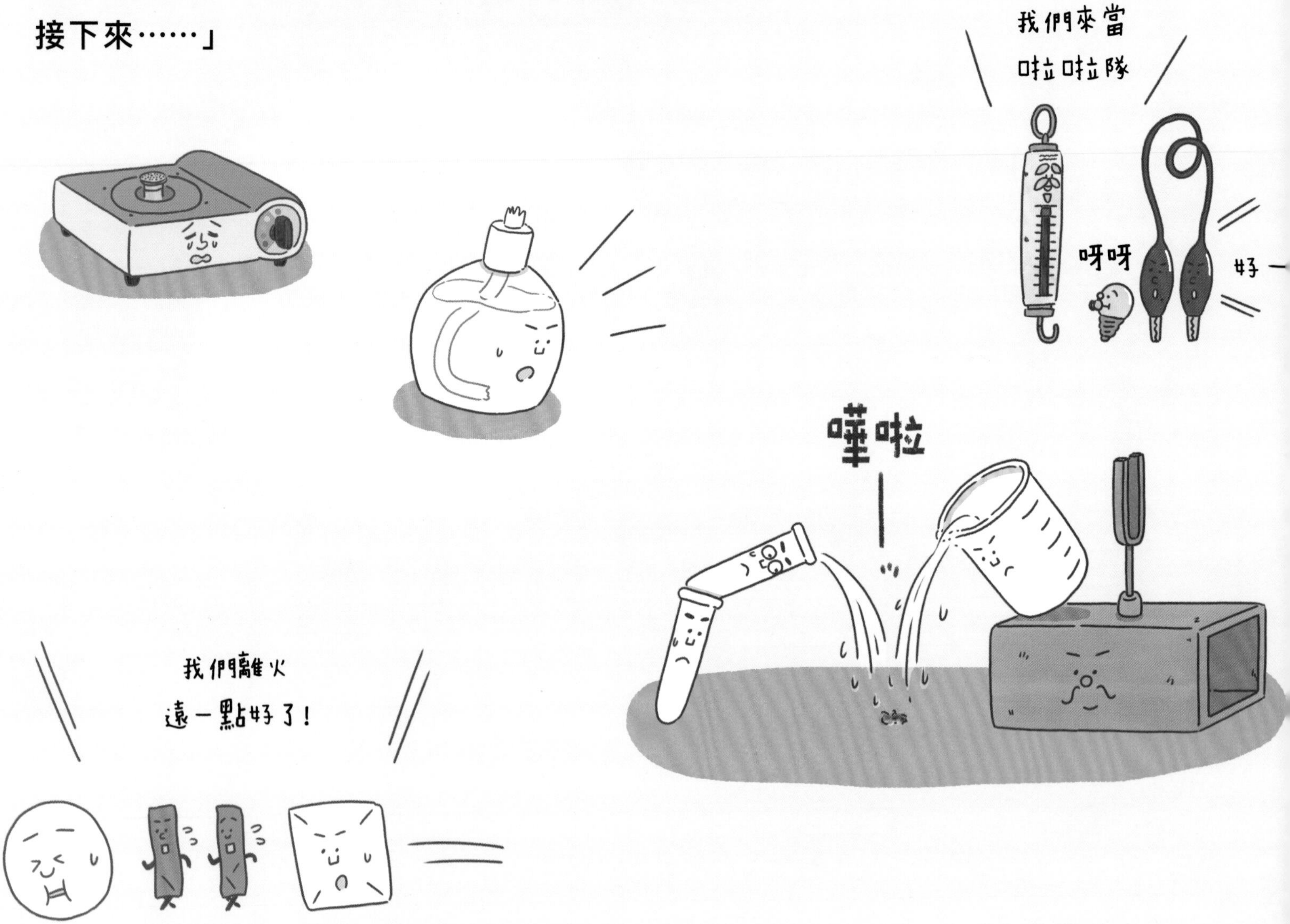

我們來當
啦啦隊

呀呀

好一

嘩啦
——

我們離火
遠一點好了！

在酒精燈君和燈蓋君的指示下，滅火行動順利展開了。

終於，所有火苗終於都熄滅了。

「太好了～～～」

「原本擔心會一發不可收拾呢！」

「就是啊！」

「多虧酒精燈君和燈蓋君。」

「而且……也很謝謝實驗準備室的器材們。」

「好久沒動了，有點累呢。」

實驗教室裡頓時鬧哄哄的。

酒精燈君和燈蓋君隔著一段距離，
看著實驗教室的器材們和準備室的老舊器材們，和樂融融聊著天的模樣。

「燈蓋君，雖然我們以後可能不會再參與實驗了⋯⋯
但我們到現在的經歷不會因此消失，甚至還有可以教大家的事情呢！」

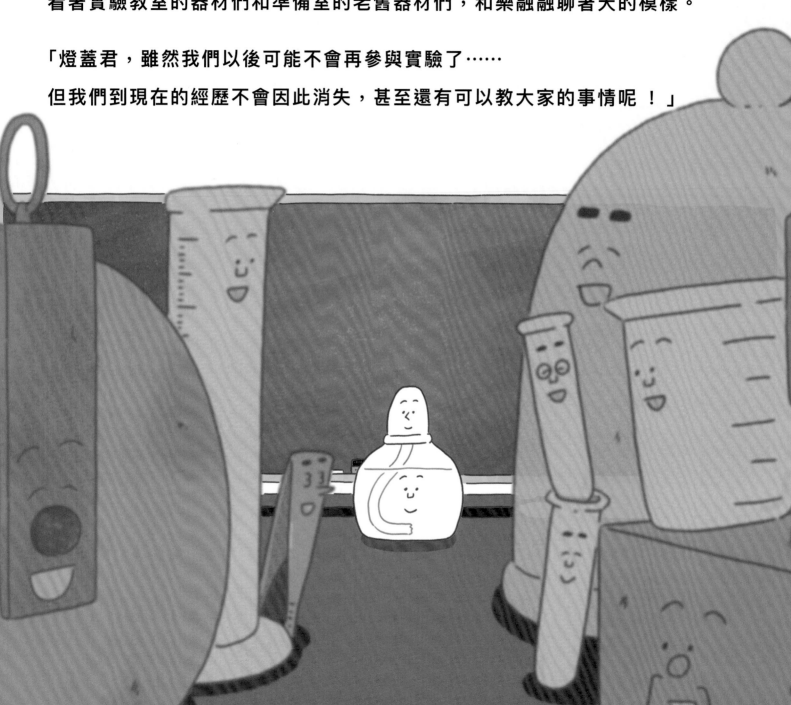

「酒精燈君……

嗯！你說得沒錯。而且……」

燈蓋君微笑著說，

「就算真的到了那一天，

我們兩個也會永遠在一起。」

酒精燈君也用力點點頭。

正當兩人說話的時候，瓦斯爐君悄悄的靠了過來。

「那個……酒精燈君、燈蓋君，對不起。

我因為自己是新的實驗器材，太得意忘形了。」

瓦斯爐君垂頭喪氣的說，

「我領悟到自己還只是個半吊子，

請從現在開始教我各種關於火的知識！」

「好！」

「沒問題！」

酒精燈君和燈蓋君帶著滿臉的笑容回答了。

那一天，
酒精燈君終於消除了心中的煩惱。

他們幫我重新
粉刷油漆了。

什麼嘛～

呼!

主要登場的實驗器材 ❷

~實驗教室~

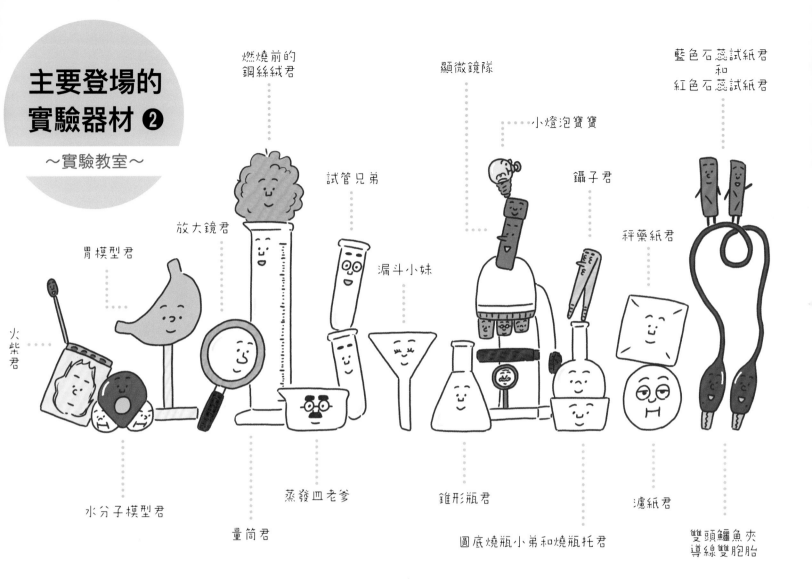

火柴君

胃模型君

放大鏡君

燃燒前的鋼絲絨君

試管兄弟

漏斗小妹

顯微鏡隊

小燈泡寶寶

鑷子君

秤藥紙君

藍色石蕊試紙君 和 紅色石蕊試紙君

水分子模型君

量筒君

蒸發皿老爹

錐形瓶君

圖底燒瓶小弟和燒瓶托君

濾紙君

雙頭鱷魚夾導線雙胞胎

● 資料收集協助單位

我曾經到下列小學的實驗教室及準備室取材。謝謝各位老師的協助！
- 川崎市立宮前小學
- 川崎市立玉川小學

謝啦！

主要登場的實驗器材 ❸

~實驗準備室~

彈簧秤爺爺

愛說話的爺爺，但也有固執的一面。

器材介紹 利用彈簧的彈性，測量物品重量或力量有多大的器材。把物品掛在下面的鉤子上，用拉扯的方式測量。

凹透鏡大叔

非常了解光線的大叔。現在已經和過去的老搭檔凸透鏡分家了。

器材介紹 中心薄、外圍厚的鏡片。用來學習光線折射的實驗。

真空罩先生和抽氣盤先生

很會忍耐的真空罩先生，以及支持他的抽氣盤先生二人組。

器材介紹 接上真空泵浦使用的器材。可以在真空罩裡進行「壓力改變，氣球的大小就會改變」等實驗。

真空鈴先生

喜歡搖晃或飛行，也喜愛自己的鈴聲。

器材介紹 用來確認「沒有空氣就無法傳遞聲音」的器材。用真空泵浦抽出空氣後，就算搖晃裡面的鈴鐺，也聽不到聲音。

電熱器先生

具有不服輸、靜靜燃燒鬥志的個性。

器材介紹 插上插頭按下開關後，電能就會轉變成熱能，可以加熱物品的器材。

音叉先生

擁有絕對音感，對任何人都很有禮貌的大叔。

器材介紹 敲擊上方的金屬部位，就能發出特定高音的器材。可以學習聲音的傳導方式。

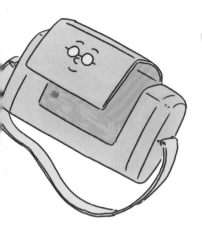

植物採集箱先生

對植物的種類擁有豐富的知識。身體很健壯。

器材介紹 用來盛裝戶外採集的植物，以肩背式設計方便搬運的容器。

單弦樂器先生

因為情緒起伏很大，所以讓自己盡量留意不要表現在臉上。

器材介紹 藉由改變線的鬆緊、長度和粗細，學習音高的器材。

輪軸先生

對很快就頭昏眼花感到很煩惱。

器材介紹 由大小不同的圓輪接合而成，是確認用微小力氣就能舉起重物的器材。

滑輪先生

喜歡一直轉圈圈。對輪軸先生感到很親近。

器材介紹 將軸心和旁邊的圓輪組合而成的器材。可以學習關於力量的方向變化。

請找找看！

「主要登場的實驗器材」中介紹的實驗器材，出現在哪一頁呢？
（也有一些沒有在「主要登場的實驗器材」介紹的器材喔～）

作者的話

　　繼《燒杯君與放學後的實驗教室》後最新的作品，是一個關於「實驗器材的現在和過去」的故事。如果能讓孩子在閱讀時有「以前曾經使用這樣的實驗器材啊！」，大人有「咦？現在已經不使用這個了嗎？」的驚奇就好了。

　　雖然在本書中沒有出場，但「上皿天平」和「砝碼」等實驗器材，最近也漸漸很少使用了。記得以前常常被老師說：「移動砝碼的時候，一定要使用鑷子。」一想到現在幾乎很少使用砝碼，就覺得有點落寞。實驗器材或工具也會隨著時代改變，這次我想把這種情況，透過酒精燈君的不安和煩惱，讓大家重新看待「老舊物品的好」。

　　最後，雖然書中出現了瓦斯爐君引起火災的場景，但只要好好遵守使用方法，實際上並不會發生這樣的事情。請務必學習實驗器材的正確使用方法，安全的享受實驗。

作者介紹

上谷夫婦（うえたに夫婦）

　　兩人出生於日本奈良縣，現居於奈良縣。從研發和販售原創角色「燒杯君」的周邊商品開始，最近也積極從事活用自然科學的插畫工作、連載漫畫等。

　　出道作品《燒杯君和他的夥伴：愉快的實驗器材圖鑑》，發行七個月即達五刷的佳績（日本），目前依然深受好評。

　　其他著作：《肥皂超人 出擊！》、《最有梗的理科教室：燒杯君與他的理科小夥伴》、《最有梗的單位教室：公尺君與他的單位小夥伴》、《最有梗的自然教室：狸貓君與他的自然小夥伴》、《最有梗的人體教室：針筒兄弟與他們的器官小夥伴》、《最有梗的元素教室：週期表君與他的元素小夥伴》。以上均為親子天下出版。